KUCKUCK, KRAKE, KAKERLAKE

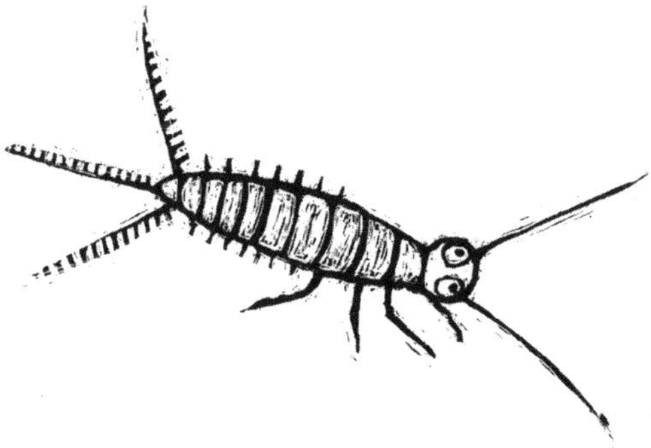

Bibi Dumon Tak

KUCKUCK, KRAKE, KAKERLAKE

Das etwas andere Tierbuch

Mit Zeichnungen von Fleur van der Weel

Aus dem Niederländischen
von Meike Blatnik

Bloomsbury
Kinderbücher & Jugendbücher

8. Auflage 2011

Die Originalausgabe erschien 2007 unter dem Titel *Bibi's bijzondere beestenboek* bei Querido, Amsterdam | Umschlaggestaltung: Rothfos & Gabler, Hamburg | Typografie: Renate Stefan, Berlin | Gesetzt aus der LTC Italian und der GillSans durch Greiner & Reichel, Köln | Druck und Bindung: TBB, Banská Bystrica | Printed in the Slovac Republic | ISBN 978-3-8270-5282-7

www.bloomsbury-verlag.de

INHALT

DAS FAULTIER

Einatmen, ausatmen. Einatmen, ausatmen. Das Faultier schläft. Sssssst. Es hängt mit seinen Krallen umgekehrt an einem Ast.

Wie eine haarige Hängematte. Wenn der Urwald drum herum wach wird, döst das Faultier weiter. Und wenn der Urwald wieder schlafen geht, duselt das Faultier noch immer vor sich hin.

Ab und zu öffnet es die Augen. Mit langem Arm greift es ein Blatt und noch eines und kaut, kaut, kaut. Bis es wieder ein einschzzzzzzzzzzzzzzzzzzzzzzzzz.

Das Faultier hängt in einem Baum und kommt beinah nie herunter. Zum Glück, denn es kann nicht mal laufen, sondern nur ein bisschen kriechen. Es schleppt seinen Körper über den Boden. Mit einer Geschwindigkeit von einem Meter pro Stunde ist es langsamer als eine Schnecke.

Aber manchmal muss es doch von seinem Baum. Dann lässt es sich rutschend sacken. Das Faultier kackt nämlich auf dem Boden. Und da es nicht sein ganzes Leben auf dem Weg sein will von oben nach unten und wieder zurück, kackt es nur ganz selten. Einmal alle zehn Tage, und das ist schon anstrengend genug.

Faultiere sehen aus wie Kuscheltiere. Man möchte sie am liebsten vom Baum pflücken, sie mit ins warme Bett nehmen und schlafen, schlafen, schzzzzzzz.

DAS SEEPFERDCHEN

Es sieht aus wie ein Fabelwesen, ein erfundenes Tier. Als wenn jemand zu zeichnen begonnen und sich dabei gedacht hätte: Ach, heute male ich mal ein Unterwasserpferd. Ein Unterwasserpferd mit Stacheln anstelle einer Mähne. Mit einer Rückenflosse anstelle von Beinen. Mit einem geringelten Greifschwanz, rollenden Augen und einem zierlichen Hals.

Aber da war niemand, der zeichnete. So etwas Verrücktes wie ein Seepferd kann man sich nämlich nicht ausdenken. Wirkliche Dinge sind oft seltsamer als ausgedachte Dinge.

Ein Seepferdchen ist ein Fisch. Ein Fisch, der nicht so gut schwimmen kann. Darum hält es sich mit dem Schwanz an einem Büschel Seegras fest. So kann die Strömung es nicht forttragen. Es sieht aus wie ein Luftballon, wie es da an seinem Schwanz im Wasser hin und her schwingt.

Bei Vollmond besuchen sich die Männchen und die Weibchen, und anstatt um einen salzigen Grashalm schlingen sie die Schwänze umeinander.

Danach wirft das Weibchen die Eier in den Beutel des Männchens. Ein Beutel, den das Männchen immer an seinem Bauch trägt. Wenn die Eier gut angekommen sind, sagt das Weibchen: »Tschüss!« Und macht sich bald wieder auf den Weg.

Das Männchen ist schwanger vom Weibchen. Was für ein Tier, dieses Seepferdchen! Das Männchen kümmert sich gut um die Eier. Es gibt sofort einige Samen dazu, und nach ein paar Wochen werden Junge geboren. Diese schwimmen einfach aus dem Beutel hinaus in die weite See. Das sieht aus wie Zauberei. Aber es ist echt, ganz echt!

DER LAUBENVOGEL

Am anderen Ende der Welt wohnt der Laubenvogel, ein Vogel, der alles schmückt. Er baut Nester so schön wie Gartenlauben. Sie stehen im Wald auf dem Boden. Genau wie in echten Gartenlauben liegen auch im Nest des Laubenvogels allerlei Dinge. Dinge, die aus dem Wald stammen.

Der Laubenvogel liebt es, alles zu schmücken. Er tut sein Leben lang nichts anderes. Zuerst baut er ein Nest, das bestimmt hundertmal größer ist als er. Dann macht er sich auf die Suche nach einem Stückchen Schlangenhaut, nach Schneckenhäusern, nach Steinen, die glänzen. Nach Blumen, nach Blättern, nach Beeren. Die Beeren zerkaut er, und mit dem Saft färbt er die Zweige seiner Schatzkammer rot oder blau.

Dann beginnt das Warten. Warten auf ein Weibchen. Wenn endlich eines vorbeischaut, muss der Laubenvogel auch noch tanzen. Und pfeifen. Das ist eine Heidenarbeit. Und manchmal ganz vergeblich. Denn oft genug geht das Weibchen einfach wieder, nachdem es sich kurz umgesehen hat. Als ob es ein Museum besucht hätte. Dann beginnt der Laubenvogel wieder zu warten. Und tauscht die vertrockneten Blumen aus. Er kann nämlich nicht anders, als sein Nest zu schmücken und damit die Weibchen zu bezirzen.

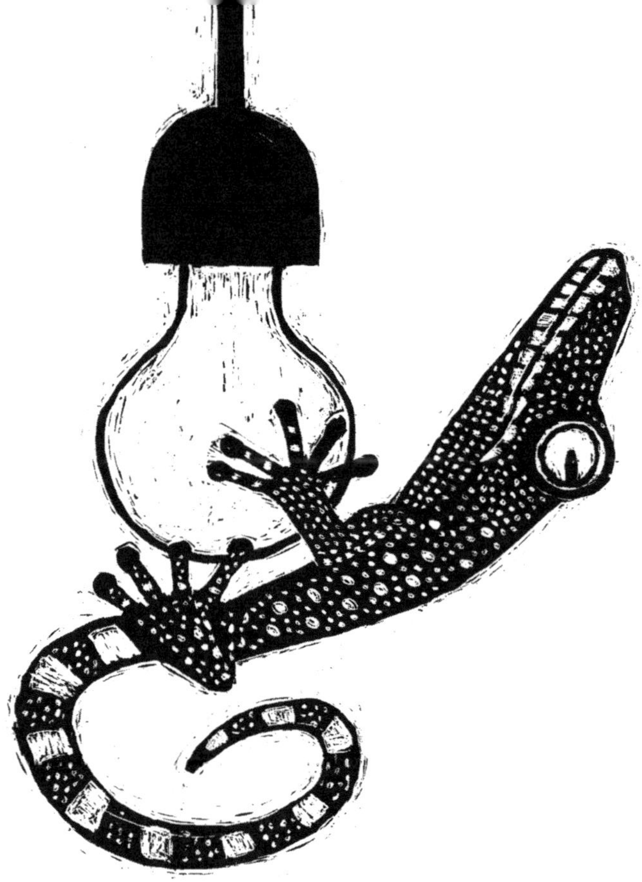

DER GECKO

Oh, es gibt da etwas, auf das wir Menschen neidisch sind. Das uns gelb und grün werden lässt vor Neid. Nach dem wir geifern, wenn wir nur daran denken. Wie gern würden wir auf dem Kopf laufen können! Was würden wir nicht dafür geben, einfach so eine Wand hochklettern zu können? Keine Treppe wäre mehr vonnöten, kein Aufzug, keine Leiter, keine Sprossenwand beim Sportunterricht.

Ameisen können es, aber nicht unter Wasser, und auch Fliegen können es, aber einmal pusten reicht, und sie fallen herunter. Nein, es gibt nur ein Tier, das immer und überall auf dem Kopf laufen kann. Dieses Tier baumelt sogar an einem Zeh in aller Ruhe von der Decke. Wenn es an der Tür hochläuft, könnte man es als Türgriff benutzen. Es sitzt felsenfest, wenn es will.

Sein Name ist Gecko. Das klingt ein wenig albern für so eine lebende Supermaschine. Es klingt wie Dumbo, Spacko oder Pippo. He, Gecko!

In der großen Familie der Geckos haben alle Nichten und Neffen verschiedene Vornamen. Aber eines der Familienmitglieder heißt auch vorne noch mal Gekko. Dieser Gecko heißt also mit ganzem Namen Gekko Gecko. Mit seinen 40 Zentimetern ist er fast der Größte von allen. Darum halten ihn die Menschen auch gerne in einem Käfig. Aber aufgepasst, er beißt gerne, wenn man versucht, ihn zu fangen. Und wenn er deinen Finger erst mal festhält, lässt er nicht mehr los.

Du kannst dann zwei Dinge tun: entweder mit dem Gecko am Finger weiterspielen. Oder die Wanne volllaufen lassen, den Gecko untertauchen und danach weiterspielen. Er kann unter Wasser zwar auf dem Kopf laufen, aber atmen kann er nicht.

Noch mal kurz zum lieben Faultier. Ja, das Faultier hängt und hängt, ohne Ende. Sogar wenn es gestorben ist, kann es passieren, dass es noch ein paar Tage an seinem Ast hängen bleibt. Der Unterschied ist kaum zu sehen.

DER ANGLERFISCH

Was zieht uns nur immer in den Himmel? Was machen wir da oben nur alles? Wir schicken Raketen, Raumsonden und Satelliten in die Luft auf der Suche nach einer Spur Bakterien. Nach einem Tropfen Wasser. Nach einem Funken Leben.

Aber unter uns? Darauf ist niemand neugierig. Kein Mensch sieht nach unten. Obwohl es da von Leben wimmelt. In der stockfinsteren Tiefsee schwimmen Monster herum, von denen wir nicht mal etwas ahnen. Sie haben riesige Augen, ungeheuer große Mäuler und Zähne wie Schwerter.

Eines dieser Monster ist der Anglerfisch. Das Weibchen hat auf seinem Kopf einen Fühler, an dessen Ende sich ein kleines Licht befindet. In der undurchdringlichen Dunkelheit der Tiefsee, in der beinah nichts überleben kann, scheint dieses Licht für die anderen Tiefseetiere ein sicherer Hafen zu sein. Sie schwimmen darauf zu, ohne zu sehen, dass hinter dem behaglichen Lämpchen ein Maul sitzt, das »Haps!« macht.

In dieser Unterwasserwüste begegnen die Anglerfische einander selten, so leer und weit ist es dort. Wenn also ein Männchen auf ein Weibchen stößt, beißt es sich schnell in ihrem Körper fest. Dort bleibt das Männchen ab sofort für den Rest seines Lebens hängen. Und da er zehnmal kleiner ist als sie, merkt sie wenig davon. Er ist nicht mehr als ein Wurm unter ihrem Bauch.

Das Leben für den Anglerfisch ist wohl so ruhig, da die Menschen lieber eine Fahne auf dem Mars aufstellen als auf dem Grund des Meeres. Aber warum das so ist …?

Wahrscheinlich trauen sich die Menschen einfach nicht.

DER BOMBARDIERKÄFER

Ein Dreikäsehoch ist es. Ein Tierchen auf sechs dünnen Beinen. Du kannst es auf deine Hand setzen, aber selbst dann verschwindet es noch zwischen deinen Fingern. Das Käferchen ist nur einen Zentimeter groß, mehr nicht. Aber aufgepasst. Was du da auf deiner Hand herumkrabbeln lässt, ist eine lebende Kanone. Eine

Kanone mit Bomben an Bord. Der Käfer feuert sie auf jeden ab, der allzu gierig in seine Richtung schaut.

Vögel tun das gerne – gierig gucken. Und Kröten. Die fressen Käfer samt Kopf und Panzer auf. Aber das sollten sie beim Bombardierkäfer lieber nicht versuchen. In seinem Hinterleib befindet sich nämlich eine Fabrik, die ein giftiges Gemisch herstellt.

Dieses Gemisch wartet friedlich in der Vorratskammer, einer Vorratskammer im Körper. Aber wehe, ein Feind kommt in die Nähe. Dann schickt der Bombardierkäfer das Gemisch sofort in die nächste Kammer seines Körpers, in die Explosionskammer.

An diesem lebensgefährlichen Ort beginnt das Ge-

bräu zu kochen und zu dampfen. Der Bombardierkäfer dreht dem Feind sein Hinterteil zu, und PENG!, die glühend heiße und giftige Bombe knallt nach draußen, genau in die Augen des Feindes. Dieser kann auf einen Schlag nichts mehr sehen.

Der Bombardierkäfer hat sich leer gefeuert. Und während der Feind noch versucht, seine Augen wieder zu öffnen, spaziert unser Käfer um die Ecke.

Tralalalala.

DER POLARFUCHS

Er ist das am dicksten angezogene Tier der Welt. Das muss auch so sein, denn er wohnt am Nordpol. Er streunt durch den Schnee und über das Eis auf der Suche nach einem leckeren Tiefkühlhäppchen. Brrrrrrrrrrr.

Sein ganzer Körper ist mit Haaren bedeckt. Sie wachsen selbst auf den kleinen Kissen seiner Pfoten. Und seine Ohren? Die sehen fast wie Schneehügel aus da oben auf seinem Kopf, so gut sind sie unter dem dicken Pelz verborgen. Wenn er schlafen geht, wickelt er seinen warmen dicken Schwanz um seine Schnauze. Der Schwanz ist extra lang, so dass seine Nase bei fünfzig Grad unter null nicht einfriert.

Die Sterne am Polarhimmel sind wie Eiskristalle, die die Nacht noch kälter machen. So kalt, dass der Polarfuchs manchmal kein Essen mehr findet. Dann muss er sich eine List überlegen. Das am wärmsten eingepackte Tier der Welt verfolgt das räuberischste Tier der Welt: Der Polarfuchs schleicht über die eisige Fläche hinter seinem größten Feind her, dem Eisbären.

Der Eisbär isst gerne Polarfuchs, aber wenn der Polarfuchs Hunger hat, wächst er über sich hinaus. Sobald der Eisbär etwas gefangen hat, wartet der Polarfuchs auf seine Chance und – ist der Eisbär kurz außer Reichweite – klaut etwas von der Beute. Lebensgefährlich, aber es funktioniert.

Angenehme Bekanntschaft: der Polarfuchs, weich von außen, cool von innen.

Noch mal kurz zum Laubenvogel. Es gibt Laubenvögel, die nur Blau mögen. Sie richten ihr Nest ausschließlich mit blauen Sachen ein: Wäscheklammern, Kronkorken und Gummibändern. Ein Vogel hat sogar mal eine Blaue Zahnbürste ausgestellt. Bleibt nur zu hoffen, dass das Weibchen nicht auf Rosa stand.

DER SCHWARZE SCHLINGER

Stell dir doch mal vor, in der grässlichen Dunkelheit der Tiefsee schwimmt ein Anglerfisch mit seiner Taschenlampe, die ihm vor der Nase baumelt, einfach so in das weit aufgesperrte Maul des Schwarzen Schlingers. Was dann? WAS DANN?

Der Anglerfisch ist einer der am meisten gefürchteten Feinde in den Schluchten der See. Aber natürlich gibt es immer Feinde, die mächtiger sind. Der Schwarze Schlinger ist einer davon. Er wartet Wochen, ja manchmal monatelang still und heimlich ab. Aber eines Tages sieht er dann den Anglerfisch mit seinem Lampion von ferne kommen. Und bevor der Anglerfisch überhaupt weiß, wie ihm geschieht, hat ihn der Schwarze Schlinger bereits mit seinem erbarmungslosen Maul verschlungen.

Da in der Tiefsee selten etwas vorbeischwimmt, muss er zuschlagen, sobald sich die Gelegenheit bietet. Selbst wenn die Beute, auf die er es abgesehen hat, größer ist als er selbst.

Darum ist der Magen des Schwarzen Schlingers enorm. Er treibt darauf, als wäre es ein riesengroßer Ballon. Ein endlos ausziehbarer Beutel unterhalb seines Körpers.

Aber der Magen ist nicht nur riesengroß, er ist auch noch kohlrabenschwarz. Und zwar deswegen, weil die Lichter der verschlungenen Anglerfische nicht nach draußen scheinen dürfen. Sonst wird der Schwarze Schlinger selbst gefressen.

Der Schwarze Schlinger muss also in der unermesslichen Tiefe des Ozeans unsichtbar sein. Das gelingt ihm auch gut. Kein Mensch hat ihn bisher lebend zu Gesicht bekommen. Er ist ein Mysterium, ein kalter Killer. Aber niemand sieht, dass in seinem Inneren stets ein gemütliches Lichtlein brennt. Das Licht eines verschlungenen Anglerfisches.

Noch mal kurz zum Seepferdchen. Es gibt Tiere mit ausdehnbarem Magen, in die der halbe Ozean hineinpasst, wie beim Schwarzen Schlinger. Aber es gibt auch Tiere ohne Magen: das Seepferdchen. Darum muss es den ganzen Tag über essen. Na ja, essen – das Seepferdchen schlürft eher. Seine Schnauze ist eine Art Strohhalm.

DER MANDSCHURENKRANICH

Heilig sind sie. Sie bringen Glück, Gesundheit und ein langes Leben. »Märchenvögel« nennen chinesische Kinder sie, wenn sie eine Abbildung des Mandschurenkranichs sehen. Eine Abbildung, denn in der Wirklichkeit sind nur noch wenige von ihnen übrig. Ihr Federschmuck ist so schön, dass sich die Menschen früher gerne damit schmückten.

Der Mandschurenkranich ist schneeweiß gekleidet. Die schwarzen Federn an seinem Hals erinnern an einen Schal, der gegen die Winterkälte des Ostens schützt. Die rote Haube auf seinem Kopf macht das Aussehen des Kranichs perfekt. Er ist der anmutigste aller Vögel. Lang und schlank. Beinah so groß wie ein Mensch. Angesichts solcher Grazie erzittern die Modeschöpfer vor Neid.

Bevor die Männchen und Weibchen heiraten, geben sie einander erst eine Art Jawort. Sie rufen einander abwechselnd und tanzen dann den schönsten Tanz, der in der Vogelwelt zu sehen ist. Auf ihren stelzenähnlichen Beinen laufen sie Runden und Achten. Sie springen, drehen sich und breiten die Flügel aus. Sie strecken ihren Hals und neigen sich dann wie Ballerinas einander zu. Und im Feuer der Darbietung werfen sie sogar mit Sachen. Ja, sie picken mit ihren Schnäbeln Zweige, kleine Steine und Gras vom Boden und werfen alles in die Luft.

Dieses Vogelballett, dieser großartige Hochzeitstanz, all diese Mühe ist nicht vergebens. Denn eine Kranichhochzeit gilt nicht nur für den Augenblick. Braut und Bräutigam werden sehr alt. Ihre Ehe dauert manchmal sogar dreißig Jahre.

DAS ERDMÄNNCHEN

Das Erdmännchen ist das liebste Tier der Welt. Da kann kein Koalabär, kein Pinguin und auch kein Seehund mithalten.

Zunächst mal sehen die Erdmännchen mit ihren schwarz geschminkten Augen furchtbar komisch aus. Als ob sie alle zusammen gleich auf eine Party gehen wollten.

Aber sie sind auch sehr lieb zueinander. Und lieb zueinander sein ist in der Natur etwas ganz Besonderes.

Fast alle Tiereltern sorgen für ihre Jungen, klar. Und Tierbrüder sorgen manchmal auch für ihre Tierschwestern, klar. Und Tiertanten passen ab und zu auf ihre Tierneffen auf, auch klar.

Aber … Erdmännchen helfen einander, ganz gleich ob Familie oder nicht. Lieb! Abwechselnd halten sie Ausschau, um vor Feinden zu warnen. Auch lieb!

Erdmännchenfrauen bekommen für die Kleinen ihrer Freundin Milch, auch wenn sie selbst keine Kinder haben. Mehr als lieb!

Und Erdmännchenjungen geben herumrennenden Erdmännchenkleinkindern einen leckeren Happen von ihrem frisch gefangenen Skorpion ab. Allerliebst!

Und was noch? Erdmännchen haben echte Toiletten. Sie machen immer auf dieselbe Stelle in ihrer Höhle. Und wer darf das Ganze dann aufräumen? Das überlassen sie den Mistkäfern.

UNGLAUBLICH LIEB!!!
(von den Mistkäfern)

DER MISTKÄFER

Sie sehen aus wie Lakritzbonbons. Ja, wenn man sie über den Boden schlurfen sieht, will man sie aufsammeln und in den Mund stecken. Sie sind glänzend schwarz, selbst ihre Beine schimmern. Sie sehen funkelnagelneu aus, als ob sie mit einem weichen Tuch poliert worden wären. Sie kommen frisch aus der Süßig-

keitenfabrik, hmmmmmmmmmmmm.

Aber bevor du an ihnen rumlutschst, solltest du wissen, dass diese krabbelnden Lakritzbonbons im Kot wohnen.

Kuhdung, Pferdemist, Erdmännchenkacke. Eigentlich völlig unklar, wie sie es schaffen, immer so blitzeblank auszusehen.

Sie nehmen kleine Stücke Kot zwischen die Vorderbeine und kneten Bälle daraus. Diese Bälle graben

sie dann zusammen mit ihren Eiern im Boden ein. Das finden die Larven, die später geboren werden, lecker.

Beim Kneten schlecken die Käfer natürlich selber auch daran. Praktisch, denn das ist nichts anderes als vorgekaute Nahrung. Da ist eigentlich nichts schmutzig dran.

Die Mistkäfer räumen aber nicht nur den Mist anderer auf. Durch das Eingraben sorgen sie auch dafür, dass der Boden nahrhaft bleibt. Kot ist Essen für sie selbst, für ihre Kinder und für die Blumen und Pflanzen.

Und als wäre das noch nicht genug, haben die Mistkäfer auch noch einen Nebenjob als Gärtner. Die Kotkugeln, die sie einbuddeln, stecken nämlich voller Blumensamen. So sorgen sie jedes Jahr wieder für einen neuen Blumengarten.

Der Mistkäfer ist Putzmann, Koch und Gärtner gleichzeitig.

Der Mistkäfer ist ein Wunderlakritzbonbon.

DER FEUERHORNVOGEL

Sie sehen aus wie Wachposten, die Feuerhornvögel. Sie sitzen groß und ausladend in den Bäumen. Als würden sie die Bäume erst selbst hinstellen und sich einen Ast ausklappen, bevor sie mit ihrem Wachdienst beginnen.

Es gibt viele Sorten Feuerhornvögel, aber was für ein Maul die Viecher alle haben! Sie tragen einen riesigen Schnabel auf dem Kopf. Ein Schnabel, von dem man denkt:

Hätte der nicht etwas kleiner gekonnt? Darf es vielleicht auch etwas weniger sein? Der Schnabel ist oft auch noch knallgelb oder blutrot. Angeber.

Die Männchen und Weibchen bleiben ihr ganzes Leben zusammen. Sie sind treu bis in den Tod. Wenn das Weibchen ihre ersten Eier in einen hohlen Baum gelegt hat, mauert ihr Mann sie ein. Er hält sie hinter einer Mauer aus Spucke und Lehm gefangen.

Da sitzt sie dann wochenlang im Stockdunkeln. Durch ein winzig kleines Loch stopft das Männchen Insekten und Obststückchen nach drinnen. Wenn die Jungen größer werden, braucht das Männchen Hilfe. Seine Frau muss mit auf Nahrungssuche.

Gemeinsam »taktaktak« zerhacken sie die Mauer vorm Höhleneingang, und »hopp«, fliegt das Weibchen nach draußen, als sei das die normalste Sache der Welt. Zusammen mit ihrem Mann mauert sie dann alles wieder dicht.

Uhh?

Das ist überhaupt kein Gefängnis! Feuerhornvögel schließen ihre Haustür einfach gut ab.

Doch noch mal kurz zum Laubenvogel. Manche Laubenvögel bauen sogar eine überdachte Auffahrt für ihr Haus. Sie stellen an zwei Seiten eine Reihe von Zweigen auf, die sich zueinander hin neigen. So kann das Weibchen dann wie eine Prinzessin nach drinnen schreiten.

DIE BLAUFLÜGEL-PRACHTLIBELLE

In der Natur geht es vor allem darum, dass man überlebt. Und wer überleben will, muss so viele Kinder wie möglich bekommen. Kräftige Kinder. Schöne Kinder. Gesunde Kinder.

Aus diesem Grund besuchen sich die Männlein und Weiblein vieler Tierarten oft. Sehr oft.

So ist es auch mit der Blauflügel-Prachtlibelle. Ein herrliches Tier. Sie gleicht dem neuesten Alfa Romeo mit ihrem glänzenden metallischen Leib und ihren Flügeln aus Glas. Und wie sie so geschickt über das strömende Wasser streift und die Kurven nimmt, ohne zu bremsen – das machen ihr nur wenige nach. Selbst im geparkten Zustand, mit eingeklappten Flügeln, ist die Blauflügel-Prachtlibelle reine Eleganz.

Aber da ist noch was. Ein technischer Pfiff, von dem die Erbauer der Alfa Romeos nur träumen können. Jeder Blauflügel-Prachtlibellenmann findet sich selbst nämlich ganz schön toll. Nun ja, das ist an sich nichts Besonderes, denn die meisten Alfa-Fahrer denken das von sich selbst auch. Aber der Blauflügel-Prachtlibellenmann trägt das ziemlich zur Schau. Er findet sich selbst so toll, dass er glaubt, alle Frauen, denen er begegnet, würden Kinder von ihm haben wollen.

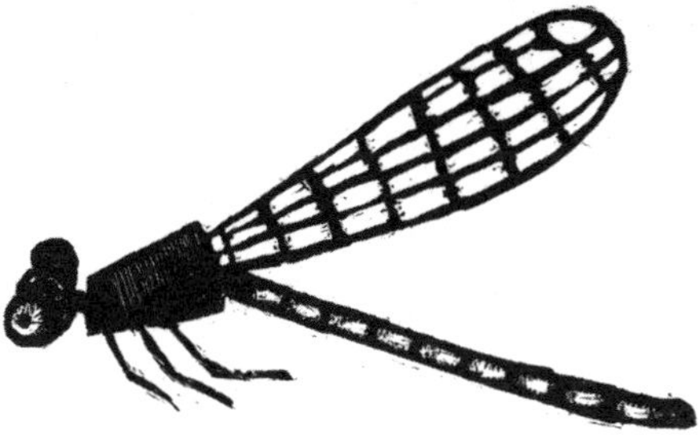

Um das hinzukriegen, hat er kleine Bürsten auf seinem Pimmel. Wenn er eine Frau trifft, mit der er sich paaren möchte, putzt er sie zuerst ordentlich sauber.

Er bürstet mit seinem Pimmel die Samen aller anderen Männer weg und lässt seine dafür zurück. So weiß er sicher, dass alle zukünftigen Kinder von ihm sind.

Sicher?

Alle Blauflügel-Prachtlibellenmänner haben dieselben Wünsche. Und ja, sie haben alle dieselben Bürsten.

DER PRÄRIEWOLF

Irgendwo hinter den ausgefransten Bergen in Amerika jagt der Präriewolf. Tagsüber lungert er ein bisschen herum und macht hier und da ein Nickerchen.

Aber sobald die Sonne untergeht und die Schatten lang und faul über der Landschaft liegen, erwacht der

Präriewolf zum Leben. Er reckt sich und wartet, bis die Sterne am Himmel stehen. Erst dann lässt er von sich hören. Er beginnt zu bellen. Und dieses Bellen geht langsam in ein schauderhaftes Wehklagen über. Sein Geheul schallt schnell von Fels zu Fels. Es dauert nicht lange und der Präriewolf bekommt Antwort.

Sie jaulen sich gegenseitig zu: Ich bin hier und du bleibst da, klaro? Aber sie sagen auch: Es zieht ein Unwetter auf! Oder: Hurra, ich habe etwas gefangen!

Für alle Nachrichten haben sie einen anderen Laut.

Darum wird der Präriewolf auch der singende Hund genannt. Er kennt mehr Laute als sein Neffe, der Wolf, oder sein Großneffe, der Hund, zusammen.

Aber das ganze Singen hat noch einen Sinn. Wenn ein Weibchen gerade Welpen austrägt und nachts viel Gesang um sich herum hört, weiß sie: Dieses Jahr gibt es viele Präriewölfe in der Gegend. Dieses Frühjahr darf ich nicht mehr als drei Junge zur Welt bringen. Hört sie nachts aber wenig Gesang um sich herum, dann weiß sie: Aha, in diesem Jahr ist für mindestens sieben Kinder Platz.

So behalten sich die Präriewölfe aus der Entfernung im Auge – ein versprengter Nachtchor singender Hunde mit dem Mond als Dirigent.

DER RIESENRÖHRENWURM

Würmer gibt es mehr als genug auf der Welt. Es wimmelt davon. Du brauchst nur ein Loch in die Erde zu buddeln, und da siehst du sie schon.

Aber nicht alle Würmer sind gleich. Oh, es gibt sie rosa und kahl. Es gibt sie mit Beinen, mit Punkten, mit Haaren. Es gibt sie in einer Länge von einem Zentimeter, von einem Meter, ja sogar von fünfundfünfzig Metern. Letzterer kann sich über ein halbes Fußballfeld ausstrecken: vom Tor bis zum Mittelpunkt.

Aber es geht natürlich noch verrückter: Es gibt einen Wurm, der unter Wasser lebt. Er hat keine Augen, keinen Mund und keinen Po. Der Wurm sitzt verpackt in einer weißen Röhre, aus der lediglich sein roter Kopf herausragt. Und mit dem wackelt er dann ein bisschen auf dem Meeresboden herum.

Sein Name ist Riesenröhrenwurm. »Riese«, da er bestimmt drei Meter lang wird. Und »Röhre«, da er in einer Röhre wohnt.

Als Baby hat der Röhrenwurm sehr wohl noch ein Maul. Mit diesem Maul saugt er, sooft er kann, winzig kleine Tiere auf: Bakterien. Wenn der Röhrenwurm genügend Bakterien aufgesaugt hat, wächst sein Maul zu. Von diesem Tag an sitzen die Bakterien eingeschlossen in seinem Körper. Sie können nirgends mehr hin.

Das Einzige, was der Röhrenwurm ab jetzt noch zu tun hat, ist, zu atmen. Er atmet durch seine Kiemen.

Und die Bakterien? Die müssen jetzt ran. Sie müssen für den Röhrenwurm kochen. Jeden Tag bereiten sie das Essen für ihn zu. Essen, das der Röhrenwurm niemals runterzuschlucken braucht, da es in seinem Bauch zubereitet wird.

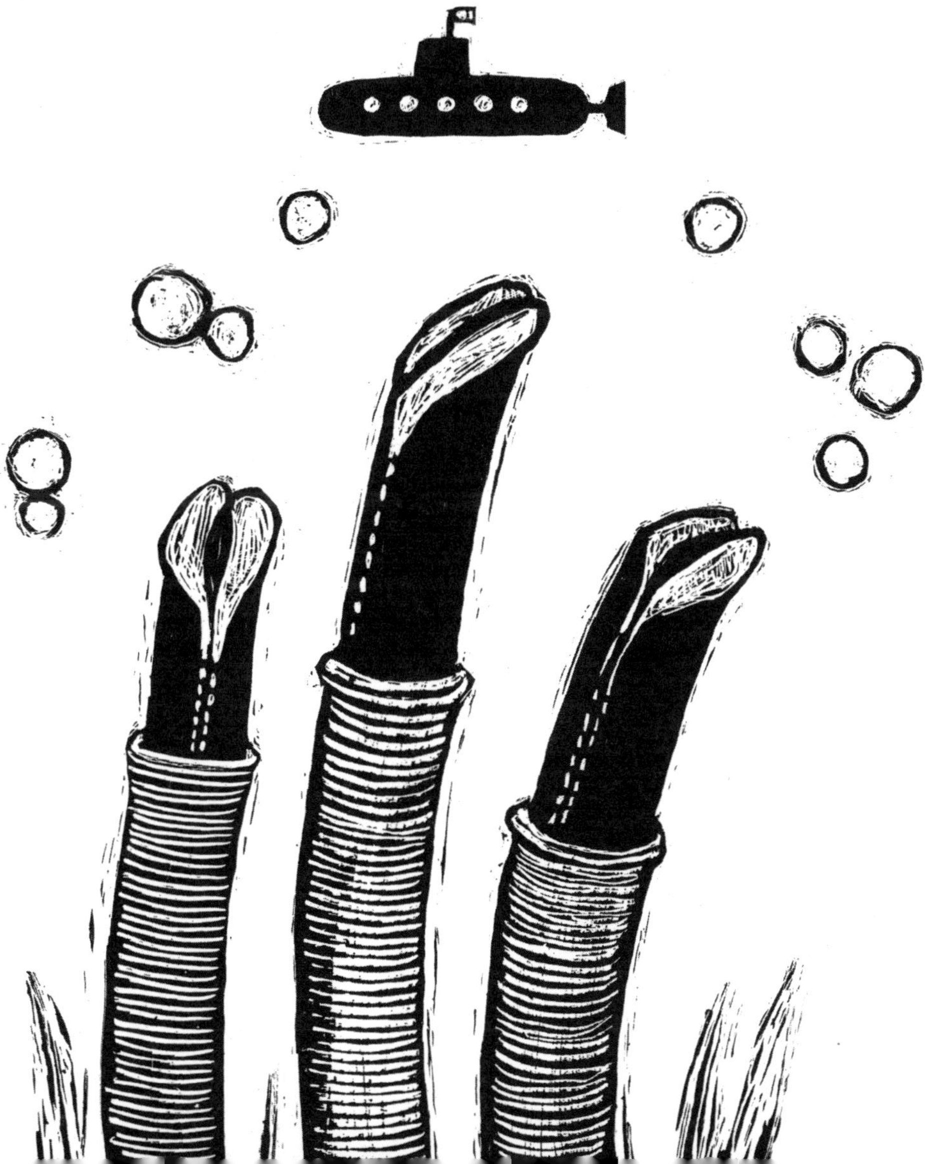

DER ZITTERAAL

Alle Tiere haben einen offiziellen Namen. Einen lateinischen Namen, der überall auf der Welt bekannt ist.

Praktisch, denn so verstehen alle Wissenschaftler aus allen Ländern, um welches Tier es sich handelt. Es sind Fachnamen, die normale Menschen nicht aussprechen können. Da kommt deine Zunge regelrecht ins Stolpern. Und wenn du sie doch aussprechen kannst, dann weißt du nicht, was sie bedeuten. Aber wenn du den Namen electrophorus electricus liest, dann bekommst du immerhin eine Idee.

Herr und Frau E. Electricus produzieren Elektrizität. Und zwar so viel, dass man lieber außer Reichweite bleibt. Tja, das gelingt aber natürlich nicht jedem.

E. Electricus ist ein schlangenartiger Fisch mit einem schleimigen Körper von zwei Metern Länge. Wir nennen ihn hier Zitteraal. Und zittern ist genau das, was er tut. Er schlängelt sich über den schlammigen Boden von Flüssen. Er kann fast nichts sehen, aber indem er kleine elektrische Schläge abgibt, fühlt er, wo er ist. Und gleichzeitig fühlt er, wo der andere ist: der Unglückliche, den er verzehren will.

Wenn er ein Opfer gefunden hat, gibt er einen Stromstoß ab. So stark, dass du deine Hand lieber noch in eine Steckdose stecken würdest. Seine Beute wird gelähmt und bewegt sich nicht mehr. Das ist nötig, da der Zitteraal kein Vordergebiss hat. Er schlingt seine Mahlzeit nicht hinunter, sondern saugt sie auf. Langsam und beherrscht. Und dann ist es natürlich praktisch, wenn sie nicht allzu sehr zappelt.

Der Zitteraal hat wenige Feinde. Sogar die Menschen fürchten sich vor ihm. Sie trauen sich beinah nicht, E. Electricus zu essen. Er scheint auch nach seinem Tod noch gehörig gefährlich zu sein. Und natürlich will niemand einen Bissen Elektrizität auf seiner Gabel haben.

Es sei denn, du bist ein Stecker.

Noch mal kurz zum Polarfuchs. Der Polarfuchs hat einen ziemlich sonderbaren lateinischen Namen: *alopex lagopus*. Lagopus bedeutet Hasenfuß. Dieses Tier heißt hinten also Hasenfuß, Herr A. Hasenfuß. Ein feiger Name für jemanden, der so über sich hinauswächst. Aber seine Pfoten erinnern an die von Hasen, und darum hat ein Wissenschaftler ihn einst so benannt.

DAS THERMOMETERHUHN

Was für ein Leben haben diese Vögel, die nicht mal Zeit haben für ihre Jungen. Nicht eine Sekunde lang können sie es genießen, dass eines ihrer Küken frisch aus dem Ei geschlüpft ist. Denn das Thermometerhuhn ist busybusybusy.

Im Herbst fangen sie an, ein großes Loch in den Sand zu graben, und wenn es tief genug ist, werfen sie Blätter und Zweige hinein. Das kann bis zum Winter dauern, denn das Loch wird ziemlich groß. Mehr als einen Meter tief und beinah fünf Meter breit. Uff! Wenn es voll ist, wird es noch mit Sand abgedeckt.

Im Frühling wärmt die Sonne den aufgestapelten Haufen Zweige. Wenn das Weibchen ihr erstes Ei legen will, gräbt ihr Mann den Haufen auf. Wenn sie fertig ist, macht er das Ganze wieder dicht. So geht es weiter, Ei für Ei, bis nach ein paar Wochen ungefähr zwanzig Eier daliegen. Was für eine Arbeit!

Inzwischen werkelt das Ehepaar um das Nest herum. Mit ihren Schnäbeln messen sie immer wieder die Temperatur. Ist es im Haufen zu warm? Dann fegen sie etwas Sand weg. Ist es zu kalt? Dann schleppen sie noch ein paar Blätter heran. Sie selbst brüten nicht, das macht die Sonne.

Ihre Küken brauchen Stunden, um sich aus dem Laub und den Zweigen nach oben zu wühlen. Wenn sie oben aus dem Sand herauskommen, schütteln sie sich aus und laufen weg. Eine Stunde später können sie schon fliegen.

Und ihre Eltern? Die sehen sie nie wieder.

DER BONOBO

Der Bonobo ist ein Affe, der den Menschen so furchtbar ähnlich ist, dass wir ihn gerne studieren. Aber das ist schwer, denn der Bonobo wohnt in den dichten Wäldern Afrikas, in einem Land, in dem fast immer Krieg herrscht. Darum sind die Affenforscher lieber in Zoos gegangen, um zu sehen, wie es um unser Beinah-Spiegelbild bestellt ist.

Und was sahen die Forscher dort? Sie entdeckten, dass die Bonobos viel netter zueinander sind als wir Menschen. Denn wir richten immerzu einen Schlamassel an, der oftmals bösartig ist. Wir schlagen einander die Köpfe ein oder wir stehlen einander Essen oder Sachen. Von unseren netten Neffen und Nichten können wir durchaus was lernen. Die lösen nämlich alle Probleme mit Freundlichkeit.

Nun ja, es ist eigentlich noch mehr als Freundlichkeit. Sie lösen Probleme, indem sie miteinander schmusen. Bevor Bonobos essen, schmusen sie miteinander. Dann wissen sie zumindest sicher, dass es keinen Streit geben wird, wenn der eine etwas mehr bekommt als der andere. Und wenn eine Mutter auf das Kind einer anderen Mutter böse ist, dann kuscheln die Mütter danach, um kurz zu sagen, dass es wirklich nicht so böse gemeint war.

Noch mal ganz kurz zum Laubenvogel. Wenn das Weibchen das Nest schön findet, paart sich das Männchen mit ihm. Danach wird es direkt weggeschickt, denn wer weiß, vielleicht kommt bald noch eine andere Dame zu Besuch. Und das weggeschickte Weibchen? Das muss für ihre Eier eben selbst ein einfaches Nest bauen. Und die Kleinen großziehen tut sie auch allein. Ihr Mann ist viel zu beschäftigt mit Schmücken und Bezirzen.

In einem Land, in dem meistens Krieg herrscht, lebt der Bonobo in Frieden.

PS: Vielleicht ist es Zufall, aber bei den Bonobos sind die Frauen die Chefs.

DER VAMPIR

Wenn die Nacht hereinbricht, streckt der Vampir seine Flügel aus. Oh ja, das gibt es: ein Tier, das zubeißt, während du schläfst. Ein Tier, das seine messerscharfen Zähne in deinen Körper gräbt und wartet, bis das Blut fließt.

Und ein bisschen Blut ist nicht genug. Der Vampir verlässt sein Opfer erst, wenn er sich dick und voll getrunken hat. So voll, dass sich sein Gewicht beinah verdoppelt. So dick, dass er kaum noch fliegen kann.

Der Vampir ist unter uns.

Der Vampir fliegt aus seiner Grotte aufs offene Feld und sucht sich ein schlafendes Tier. Eine Kuh, ein Schaf, einen Esel. Er landet ganz in der Nähe auf dem Boden und beginnt, sich heranzuschleichen. Er kriecht an den Beinen seines träumenden Opfers hoch und schlägt ein Loch in die Haut. In der Spucke des Vampirs befindet sich ein besonderer Stoff: Draculin. Durch dieses Draculin hört das Blut nicht auf zu fließen. Der Vampir leckt, leckt und leckt bestimmt dreißig Minuten lang daran.

Und tatsächlich, manchmal kriecht er auch an einem schlafenden Menschen hoch.

Aber keine Angst, er wohnt weit von uns entfernt in Südamerika.

Der Vampir ist eine Fledermaus. Tiere, die auch bei uns herumfliegen. Aber unsere Fledermäuse essen Mücken. Und Mücken sind noch viel schlimmere Blutsauger.

PS: Die Vampirfledermaus passt leicht in deine Hand. Pro Nacht trinkt sie fünfundzwanzig Milliliter Blut. Das ist so viel wie ein kleiner Schluck für uns. Die Vampirfledermaus selbst ist also gerade mal zwei Schlückchen groß.

DER WILDE YAK

Hoch, hoch oben in den Bergen wohnt der wilde Yak. Ein zottiges Tier mit mächtigen Hörnern auf dem Kopf. Sein Fell sieht aus wie ein Mantel. Ein ungepflegter Mantel aus schwarzer Wolle. Dick und lang. Schluderig und ungekämmt. Es sieht aus wie ein Hippie, der Yak.

Es wohnt so hoch oben, dass seine Hörner den Himmel berühren. Wenn die Sterne nicht aufpassen, piekst der Yak sie einen nach dem anderen aus der Luft. Kaum ein anderes Tier auf der Erde lebt so hoch oben wie der Yak. Er läuft auf Wegen, die über den Wolken liegen, und atmet die Luft in sechs Kilometern Höhe ein.

Seine Hufe versinken immer im Schnee. Nie läuft er über eine grüne Wiese. Der wilde Yak ist von scharfen Felsen umgeben, von bösartigem Hagel, stürmischem Wind und der knirschenden Stille von Eis.

Den Geschmack von saftigem Löwenzahn kennt er nicht. Mit seinen Backenzähnen zermahlt er lieber das trockene Moos, das auf den Steinen wächst. Und wenn er Durst hat, sucht er sich keinen See, sondern eine gefrorene Wasserfläche, an der er schön knabbern kann, bis das Eiswasser auf seiner Zunge schmilzt.

Es sieht fast so aus, als ob die Welt drum herum sagen wollte:

»Hau ab, Yak! Tiere gehören nicht hierher.« Aber nix da, der wilde Yak ist ganz verrückt nach Einsamkeit, verrückt nach Sternen, die einem hier ganz nah sind, verrückt nach dem ewigen Teppich aus Schnee und Eis.

Er tauscht seinen wilden Mantel nicht gegen ein zahmes Fell. Was denkst du denn! Er spürt viel lieber Hagelkörner als einen lauen Regenschauer.

DER LÖCHERKRAKE

Das Weibchen schwebt wie eine zwei Meter große rosafarbene Decke durch den Ozean. Und das Männchen, ach, das Männchen. Das ist nicht größer als ihr Auge. Ein mickerig kleiner Tintenfisch von zwei Zentimetern Länge. Aber was für einen Mumm der hat!

Sein ganzes Leben ist eine einzige Schnitzeljagd. Die Schnitzeljagd nach einer Frau. Wenn er sie endlich gefunden hat, stirbt er. Aber bevor er stirbt, muss er noch eine Heldentat vollbringen. Er muss dafür sorgen, dass es Nachwuchs gibt: kleine Löcherkrakenkinder.

Das kleine Männchen wirft alle seine Samen in einen seiner acht Arme und schwimmt an dem riesenhaften Weibchen entlang. Dann trennt es den Arm, in dem sich die Samen befinden, ab und legt ihn auf einem der Riesenarme des Weibchens ab. Dieser Arm ist natürlich eigentlich sein Pimmel. Und während dieser nach oben kriecht, stirbt das Männchen.

Sein Pimmel setzt sich zu einigen anderen Pimmeln in ein Loch. Daher stammt der Name »Löcherkrake«. Das Weibchen hat nämlich eine Art Pimmelwartezimmer in ihrem Körper. Zu der Zeit, in der sie Kinder bekommen möchte, drückt sie alle Pimmel aus, so dass die Samen zu ihren Eiern gelangen.

Einmal starb ein Löcherkrakenweibchen in einem großen Meeresaquarium. Als die Wärter es herausfischten, sahen sie die ganzen Pimmel, die auf ihrem Körper herumkrochen. Das Weibchen war tot, aber die Pimmel lebten noch lange glücklich und zufrieden.

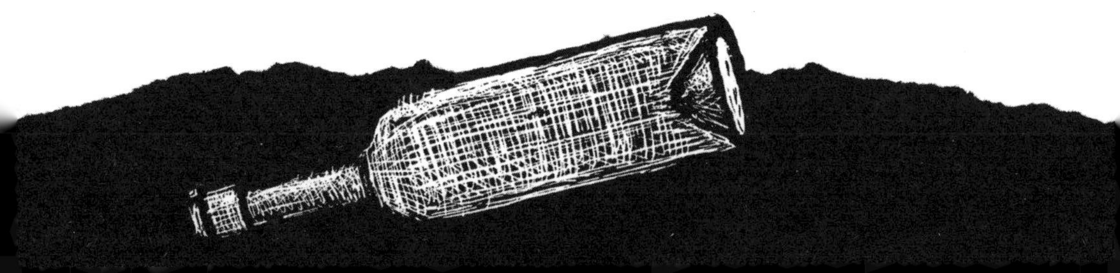

DER SPINNENTÖTER

Es gibt unendlich viele dieser Spinnentöter. Eine Menge verschiedener Arten krabbelt auf der Erde herum. Vom Äquator bis zur Heide bei uns. Sie sehen aus wie Fliegen, aber sie gehören zur Familie der Wespen. Dem Stechtier, ja. Also können auch Spinnentöter stechen.

Der Spinnentöter, der Spinnen angreift, ist immer ein Weibchen. Sie geht nicht für sich selbst auf Beutefang, sondern für ihr ungeborenes Baby – nichts anderes als wahre Mutterliebe eigentlich.

Im Land der Furcht einflößenden Vogelspinne sind die Spinnentöter riesig. Diese größte aller Arten streunt durch die Wüste, bis sie den Geruch von Vogelspinne in die Nase bekommt. Wenn sie der haarigsten Spinne aller Spinnen dann schließlich Auge in Auge gegenübersteht, schlägt sie zu. Sie hält die Spinne an einem ihrer acht Beine fest und wirft sie auf den Rücken. Wenn ihr das gelingt, jagt sie ihre Stichwaffe mit dem lähmenden Gift in den weichen Bauch der Spinne – und hat sie besiegt.

Danach schleppt sie ihre Beute an einen sicheren Ort, klettert auf sie, legt auf dem haarigen Bauch ein Ei und verschwindet.

Wenn das Junge aus dem Ei schlüpft, hat es eine frische Mahlzeit direkt unter sich. Warm und atmend, denn ja, die mächtig große und machtlose Spinne lebt immer noch. Ihr Herz bleibt erst stehen, wenn das Kleine groß ist und seinen letzten Bissen genommen hat.

DIE JESUS-CHRISTUS-ECHSE

Ojemine, was für ein Name. Was ist das bloß für ein Name für ein Tier! Ist diese Echse denn heilig? Ist diese Echse an Weihnachten geboren? Heißt seine Mutter Maria und sein Vater Josef? Wohnt diese Echse vielleicht in Bethlehem? Heilt sie kranke Menschen? Kommt sie am Sonntag nicht aus ihrem Baum heraus?

Nein, nein und nochmals nein.

Die Jesus-Christus-Echse heißt Jesus-Christus-Echse, weil sie etwas kann, das Jesus zweitausend Jahre zuvor auch konnte – und niemand sonst. Jesus konnte auf dem Wasser gehen. Das war ein Wunder, das ihm niemand nachzumachen verstand. Und noch immer gibt es kein Geschöpf, das auf nackten Füßen einfach so einen Wassergraben überquert. Jene eine Echse ausgenommen: die Jesus-Christus-Echse.

Wenn ein Feind hinter ihr her ist, dann lässt sie sich vom Baum fallen und flüchtet ins Wasser. Nun ja, sie flüchtet sich eher aufs Wasser. Sie rennt so schnell darüber hinweg, dass Jesus wahrscheinlich nie hätte Schritt halten können.

Weiter kann man diese Echse nicht mit Jesus vergleichen. Sie ist grün. Sie wohnt in Panama und hat einen Kamm auf ihrem Kopf. Sie bewegt sich kriechend auf vier Beinen fort. Aber wenn sie auf dem Wasser läuft, dann tut sie das ebenso wie Jesus aufrecht und anständig auf zwei Beinen.

Okay, noch ein letztes Mal zum Laubenvogel. Junge Männchen sind noch nicht so geschickt darin, schöne Dinge zu sammeln. Die Weibchen sehen sich in ihrem armseligen Nest um und sind oft schnell wieder fort. Wenn das zu häufig geschieht, macht sich das Jungmännchen auf und klaut. In den Nestern älterer Herren ist das meiste zu holen.

DER MONARCHFALTER

Bevor ein Schmetterling endlich er selbst sein kann, muss er einen ordentlichen Umweg machen. Einen Umweg über die Raupe. Was für ein Zirkus. Aber ja, jammern hilft nicht, denn die Natur lässt einem keine Wahl. Wenn du dich weigerst zu tun, was die Natur verlangt, dann bist du tot. So einfach ist das.

Aber die Monarchfalter machen es sich besonders schwer. Wenn sie sich endlich von einer Raupe in einen Schmetterling verwandelt haben, sehen sie alle wie orangefarbene Feen mit mosaikenen Flügeln aus.

Danach leben sie nicht mehr lang. Es sei denn, es ist beinahe Herbst. Denn Monarchfalter, die erst im September aus ihrem Kokon kriechen, fliegen Tausende

Kilometer Richtung Süden, um zu überwintern. Von Nordamerika aus, wo sie geboren worden sind, in die warme Sonne Mexikos.

Es ist eine anstrengende Reise, da der Wind unterwegs oft stärker ist als ihr zarter Flügelschlag. Aber wenn die Monarchfalter es schaffen, hängen sie millionenfach in den Bäumen. Es sieht dann wirklich so aus, als hätte die niederländische Nationalelf ein Auswärtsspiel. Denn die Bäume sind nicht länger grün, sondern knallorange. Wie es der Monarchfalter anstellt, weiß niemand genau, aber er fliegt jedes Jahr wieder zu denselben Bäumen, in denen schon seine Vorfahren überwinterten.

Ein halbes Jahr später auf dem Rückweg nach Hause legen die Falter viele Eier. Eier, aus denen Raupen schlüpfen. Eine Art niederländische Nachwuchself, die noch einen langen Weg vor sich hat.

DAS SCHNABELTIER

Das sollte mal jemand zu dir sagen: dass an dir was nicht stimmt. Dass du ein Säugetier mit vogelähnlichen Zügen und Reptilienverhalten bist. Ein Mischmasch aus Ente, Biber und Maulwurf. Dass du eigentlich allem und jedem ähnlich siehst, nur nicht dir selbst.

Und doch gibt es Menschen, die so etwas sagen. Armes Schnabeltier. Was sie sagen, ist nicht wahr. Sie sollten erst mal genau hinsehen. Das Schnabeltier ist nämlich von allen Tieren auf der Welt dasjenige, das sich selbst am meisten ähnlich sieht.

Das Schnabeltier ist ein einzigartiger Fall. Als einziges Säugetier legt es Eier. Eier in einer Höhle. Und wenn da nach zehn Tagen winzig kleine Schnabeltierchen herauskrabbeln, die so groß wie Kieselsteine sind, dann lässt die Schnabeltiermama Milch aus ihrem weichen Pelz tropfen. Die Minitiere schlürfen sie mit ihren Schnäbeln auf. Monat um Monat um Monat. Das dauert lange, da sie tüchtig wachsen müssen. Wachsen und lernen, dass sie keine Ente, kein Maulwurf, kein Biber und kein Reptil sind. Kein Mischmasch also. Oder gerade doch?

Das jedenfalls bringt die Mutter ihren Schnabeltierkindern in der warmen Höhle bei: Ihr seid ein Mischmasch, merkt euch das gut, ein Mix. Aber ein Mix woraus?

Ein Supermix aus Schnabeltier und Glücksvogel.

Von beiden gleich viel.

DIE WANDERAMEISE

Klingt das nicht gemütlich: Wanderameise. Das klingt nach einem Tier, das gemeinsam mit seiner Familie loszieht, um die Umgebung zu erkunden. Oder sich auf die Suche nach der Sonne macht, genauso, wie Zugvögel das bei uns im Winter machen. Ja, Wanderameisen: Das sind mit Sicherheit die geselligsten Tiere der Erde.

Na ja.

Wenn die Wanderameise Hunger hat, macht sie sich gemeinsam mit ihrer ganzen Familie auf den Weg. Kann gut sein, dass die Wanderameise das sehr gesellig findet, der Rest der Welt findet das bestimmt nicht. An dem Tier ist nämlich alles groß. Die Ameise selbst ist groß, ihre Familie ist groß, und als ob das noch nicht genug wäre, ist ihr Hunger auch noch groß.

Zu einer Million machen sie sich auf den Weg. Sie ziehen quer durch den Wald. Die Ameisenkolonne ist über hundert Meter lang und einen Meter breit. Es ist ein Weg aus Ameisen. Ein wimmelnder Weg. Ein hungriger Weg. Alles, was ihnen begegnet, fressen sie auf.

Eidechsen, Schlangen, Vögel, andere Ameisen. Wer Fleisch unter seinem Fell hat, wird verschlungen oder in Stückchen mitgeschleift.

Nichts und niemand kann sie aufhalten. Wenn sie etwas überqueren und zum Beispiel von einem Ast zum anderen gelangen müssen, dann machen sie aus sich selbst eine Brücke. Eine Ameisenbrücke, über die der Rest hinweglaufen kann. Und niemand anders hat Vorfahrt.

Nun ja, es will natürlich auch niemand anders Vorfahrt haben.

Noch mal kurz zum geschäftigen Monarchfalter. Um zu überleben, frisst sich die Raupe mit giftigem Pflanzensaft voll. Dadurch schmeckt sie scheußlich, und kein Vogel mag sie essen. Aber nicht nur als Raupe, sondern auch als Schmetterling bleibt der Monarchfalter ungenießbar. Und das, obwohl er sich dann von süßem Nektar ernährt.

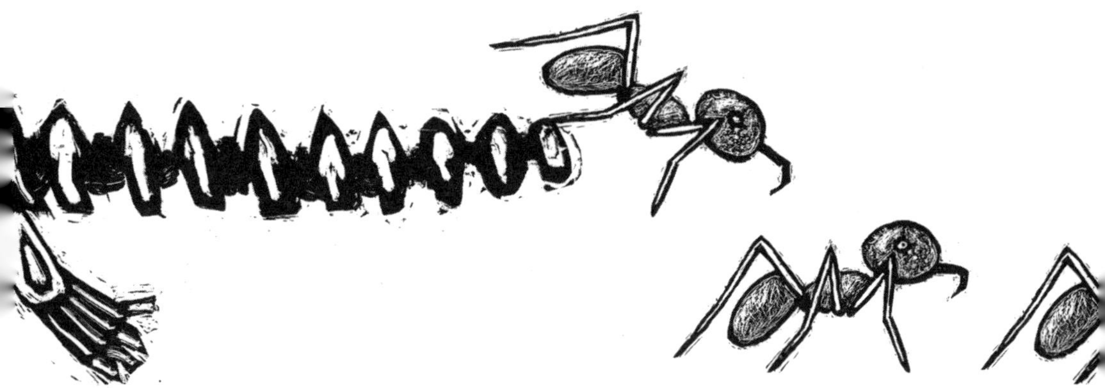

DER WASSERRESERVOIRFROSCH

Es ist dort trocken und kahl. Die Erde ist geborsten und liegt wie in Puzzlestücke zerrissen auf dem Boden. Unbewegliche Puzzlestücke, die hart sind wie Beton. Wer kann da nur wohnen? Welches Lebewesen vermag an einem Ort zu überleben, der toter ist als der Tod? Ein Frosch? Sicher nicht.

Doch! Der Wasserreservoirfrosch sitzt tief unter der Erde verborgen. Er hat eine Mumie aus sich gemacht. Ein unbewegliches Tier, das verstummt und versteinert in einem wasserdichten Anzug dasitzt und wartet. Den wasserdichten Anzug hat er aus eigenen Stücken Haut gemacht. Er hat ihn angezogen und wartet auf Regen. Seltenen Regen. Es kann mitunter Jahre dauern, bis der kommt.

Aber wenn die ersten Tropfen auf das Betondach über seinem Kopf fallen, dann spitzt er die Ohren. Der Regen, aaaah, der Regen. Das Wasser macht die Erde weich. Die Puzzlestücke verschwinden. Der Frosch isst seine wasserdichte Haut auf und krabbelt rasch ans Tageslicht. Er isst und trinkt sich in der nassen Erde voll, bis er beinahe platzt, und sucht dann eine Frau auf.

Wenn die Regenpfütze austrocknet, lässt sich der Wasserreservoirfrosch wieder in die Keller der Wüste sinken. Dort schließt er sich ein. Er zieht seinen Anzug an, so dass das ganze Wasser, das er getrunken hat, nicht nach draußen kann. Und dann heißt es wieder warten auf den nächsten Regenschauer.

DER MAUERSEGLER

SRIE, SRIE, SRIE, hörst du sie?

SRIE, SRIE, SRIE, siehst du sie?

Sie schießen wie Torpedos über die Dächer. Sie sausen wie wild gewordene Düsenjäger durch die Luft. Wenn wir den kreischenden Ruf des Mauerseglers hören, denken wir alle: Sommer, hurra!

SRIE, SRIE, SRIE. Wir denken: Jawohl, Ferien, jippie, Schwimmbad, juhu, achtundsechzig Eis am Tag!

Das flinke Vögelchen kommt mit einer Geschwindigkeit von einhundertzwanzig Kilometern pro Stunde aus Afrika angeflogen, um unter unserem Dach ein Nest zu bauen. Das Fliegen bedeutet nur eine kleine Anstrengung für sie, denn Mauersegler sind die besten Flieger der Welt. Sie machen nichts anderes. Sie fliegen Tag und Nacht. Sobald sie das Nest verlassen, sind sie weg. Ab diesem Zeitpunkt bleiben sie für immer in der Luft. Für immer!

Das sind echte Luftakrobaten.

Hunger? Schnabel auf, quer durch eine Wolke Mücken jagen und schlucken.

Durst? Schnabel auf, haarscharf übers Wasser segeln und schlürfen.

Müde? Warten, bis es dunkel wird. Ein paar Kilometer nach oben fliegen und auf einem Bett aus warmer Luft, das langsam nach oben treibt, einschlafen.

Nur für ein Nest kommen sie auf die Erde. Für ihre Jungen setzen sie ihre Beine kurz auf den Boden. Nun ja, auf den Boden … Sie kriechen unter das Dach, dicht unter den Wolken, so dass es doch noch aussieht, als schwebten sie ein wenig.

DAS GLÜHWÜRMCHEN

Wenn der Abend schwül ist und voller Gezänk von Eulen, Grillen und scharrendem Nachtgetier, dann kann man sie tanzen sehen: Glühwürmchen. Ihre Hinterleiber gehen an und aus. Und das wollen sie in einem fort sagen: Sieh mich an! Sieh mich an! Sieh mich an! Sie sehen aus wie Lampions, die blinken. Oder wie kleine Sterne, die sehr niedrig am Himmel stehen.

So finden sie einander, die Männchen und die Weibchen. Es sind eigentlich keine Würmchen, sondern Käfer. Je schöner sie blinken, je heller ihr Licht ist, desto lieber haben sie einander.

Im Krieg wurden Glühwürmchen als Taschenlampen benutzt. Die Soldaten fingen sie und stopften sie in ein Einmachglas. Aber es gab auch Soldaten, die die Glühwürmchen zwischen ihren Fingern zerrieben. Wenn sie dann im Stockdunkeln etwas lesen mussten, eine Landkarte zum Beispiel, dann hielten sie ihre leuchtenden Finger dicht über das Papier. So kamen die Soldaten im pechschwarzen Wald nicht vom Weg ab.

Glühwürmchen sind Lichter in der Finsternis, nicht nur füreinander, sondern auch für Menschen, die sich verirrt haben.

Noch mal kurz zur Furcht erregenden Wanderameise. Ihr Biss ist so stark, dass einige Hirten in Afrika sie als Pflaster verwenden. Wenn sie eine Wunde haben, lassen sie sich absichtlich von einer Wanderameise beißen. Schnell brechen die Hirten die Ameise danach entzwei, so dass nur ihr starker Kiefer in ihrer Haut stecken bleibt. Der Kiefer hält die Haut tagelang ordentlich an Ort und Stelle.

DIE SCHWARZE WITWE

Sie ist schwarz wie die Nacht. Und sie hat einen Körper, der im Mondschein glitzert und glänzt. Ihr einziger Schmuck sind kleine rote Tupfer hier und da, die aufleuchten, wenn ihr Netz vom Wind angehoben wird. Die Schwarze Witwe hat eine kugelrunde Figur, die von langen zierlichen Beinen getragen wird, als liefe sie auf hohen Absätzen.

Wer etwas von ihr will, muss bei ihr vorbeigehen, denn sie selbst geht nie vor die Tür. Aber es gibt auch nicht viele, die zu ihr auf Besuch wollen. Nur die Männchen der Schwarzen Witwe klopfen ab und zu bei ihr an. Sie trommeln auf einem der Fäden des Netzes, um sie wissen zu lassen, dass sie da sind. Trommeln sie verkehrt, dann denkt die Schwarze Witwe, dass sie eine Beute gefangen hat, die schnell vergiftet werden muss.

Aber auch wenn der Besucher hereingelassen wird, kann er niemals sicher sein, dass er das Netz wieder lebend verlässt. Die einsame Bewohnerin ändert nämlich schon mal ihre Meinung. Ehrlich gesagt, macht sie das sogar ziemlich häufig. Wenn das Männchen die Schwarze Witwe verführt hat, muss er anschließend schnell machen, dass er wegkommt. Ist er zu langsam, dann hält sie ihn noch ein letztes Mal fest. Sie sticht und tötet ihn und frisst ihn auf.

Zum soundsovielten Mal in ihrem Leben ist die nachtschwarze Dame Witwe geworden.

DER DSUNGARISCHE ZWERGHAMSTER

Sie wohnen entweder sehr weit weg oder ganz in der Nähe. Sie wohnen in der mongolischen Steppe oder in einem Käfig bei uns im Haus. Der Dsungarische Zwerghamster ist also entfernter Freund und guter Nachbar zugleich.

Er ist ein großartiges Tier. Die Männchen tun etwas, was sonst kein anderer Vater auf der Welt macht. Selbst unsere eigenen Väter bekommen das nicht hin. Wenn das Dsungarische Zwerghamsterweibchen Junge bekommt, dann steht ihr Mann bereit, um ihr bei der Geburt zu helfen.

Mit seinen kleinen Vorderpfoten zieht er die Jungen vorsichtig aus dem Mutterleib heraus. Sofort packt der Vater seine neugeborenen Kinder und leckt ihnen den Schleim von der Nase ab. Erst danach können die winzig kleinen Hamster atmen und verwandeln sich wie Zauberbälle von violettblauen Würmchen in rosafarbene Babys.

Die Mutter ist unterdessen dabei, das nächste Kind nach draußen zu pressen, und »hopp«, da sind auch schon wieder die helfenden Pfoten des Vaters. Er hat alle Hände voll damit zu tun, Nasen zu lecken und der Mutter zu helfen. Und wenn das Muttertier zwischen all den Geburten eine kurze Pause macht, dann leckt der Vater seine Kinder trocken und schleppt sie in seinem Maul eins nach dem anderen ins Kinderzimmer.

Nach einem Jahr sind alle Dsungarischen Zwerghamstermänner ausgelernte Hebammen, nun ja, Hebmänner. Denn beinah jeden Monat bekommen ihre Frauen Kinder. Jedes Mal ungefähr sechs. Und ja, auch das bekommen unsere Väter nicht hin …

Noch mal kurz zum scheußlichen Schwarzen Schlinger und dem Anglerfisch. Da es in der Tiefsee so wenig zu essen gibt und das Atmen so schwierig ist, verläuft das Leben dort sehr träge. Demzufolge geht auch das Kinderkriegen langsam. Erst mit dreißig bekommen sie ihre ersten Jungen. Darum werden Tiefseefische schrecklich alt. Es gibt Arten, die 150 Jahre alt werden.

DAS ZEBRA

Das Zebra grast auf einer Weide ohne Zaun, einer Steppe, die endlos ist. Die Zebras ziehen über die grenzenlose Ebene in kleinen Gruppen von ungefähr zehn Tieren. Ein Männchen mit ein paar Weibchen und Fohlen um sich herum.

Die Zebras, die wandelnden Strichcodes, ähneln Pferden, aber sie sind um einiges stärker und schlauer als unsere edlen Freunde aus dem Stall. Das muss natürlich auch so sein, denn sie laufen da nicht gerade durch ein Märchenparadies. Ständig liegen Löwen, Hyänen und Geparden mit ihren hungrigen Mäulern auf der Lauer.

Zebrafohlen können daher sofort nach der Geburt mit ihren Müttern mitgaloppieren. Es ist garantiert

keine Zeit, um in Ruhe zu lernen, wie man fällt und wieder aufsteht. Aber da ist noch was. Ein Zebrafohlen muss unmittelbar vom ersten Lebenstag an eine Sache sehr gründlich lernen. Es muss den Strichcode seiner Mutter einstudieren.

Jedes Zebra hat seinen eigenen Code. Schaut das Fohlen am Anfang zu viel in Richtung seiner Tante oder seines Vaters, dann stirbt es. Denn sein Vater und seine Tante geben keine Milch. Es muss den Strichcode seiner Mutter kennen, denn die gibt ihm zu trinken. Darum stellt sich die Mutter in den ersten Tagen zwischen ihr Fohlen und den Rest der Familie. So kann sich das Fohlen niemals irren, wenn es im wilden Supermarkt von Afrika auf der Suche nach Milch ist.

sie nicht auslaufen lässt.

Man sieht sie oft herumliegen. Wie Gelkleckse am Strand. Wie durchsichtige Puddings, die du für kein Geld der Welt auf deinem Teller haben willst. Aber wie schön sie sind, wenn du sie unter Wasser betrachtest. Zierlich wie schwebende Fallschirme. Am liebsten möchte man die darunterhängenden Haare streicheln.

STOPP!

Die Haare sind Tentakel. Und wenn du Pech hast, dann sind sie voller Gift. Sie schießen eine kleine Ladung Gift auf dich ab, wodurch deine Haut zu brennen und zu kribbeln beginnt.

Quallen haben keine Augen, keine Ohren und keine Nase, nein, das wissen wir nun. Aber sie haben einen Mund. Einen Mund, mit dem sie gleichzeitig essen und kacken. Ein Fisch gelangt also erst als Ganzes nach drinnen und kommt dann etwas später pulverisiert als Kot wieder heraus. Es ist wahrscheinlich ganz gut, dass Quallen nicht riechen können.

DER KONDOR

Er ist der König der Lüfte, der Gott der Sonne, der Herrscher des Alls. Der Kondor ist der größte fliegende Vogel der Erde. Der riesenhafteste Segler, den es gibt. Wenn er seine Flügel ausbreitet, ist er mehr als drei Meter breit.

Sein Schatten macht niemandem Angst. Der Kondor jagt keine lebendigen Tiere. Erst wenn er tief im Tal ein totes Tier liegen sieht, lässt er sich von seinem himmlischen Thron hinabgleiten. Der Thron, das ist die warme Luft, auf der er schwebt. Stunde um Stunde, ohne auch nur ein einziges Mal mit seinen Flügeln zu schlagen.

Wenn er endlich unten angekommen ist, läuft er mit seinem schweren Leib vorsichtig zum Aas. Dann steckt er seinen Kopf hinein und beginnt mit seiner Aufräumschwerstarbeit. Sein Kopf ist kahl. Darum bleibt auch kein Fleisch in seinen Federn hängen.

Praktisch. Es ist nur echt kalt, wenn er anschließend wieder in sein Nest zurückmuss, das er gemeinsam mit seiner Frau und seinem einzigen Kind in einer Höhe von fünftausend Metern bewohnt.

Aus diesem Grund haben alle Kondore einen dicken weißen Pelzkragen um ihren Hals. Darin können sie den Kopf verstecken, wenn es auf dem rauen Bergprofil der Anden kalt wird. Das sagen die Wissenschaftler zumindest. Aber ganz so verhält es sich natürlich nicht. Die Federn haben sie um ihren Hals, da sie königlich sind. Und zu einem König gehört nun mal ein Pelzkragen.

Noch mal kurz zum Mauersegler, dem Wundervogel, der nie landet. Wenn es kalt ist, fliegen die Eltern, hopsala!, mal eben nach Italien oder Spanien, um dort Fliegen zu sammeln. Sie machen ein Päckchen daraus und fliegen damit wieder tausend Kilometer zurück zu ihrem Nest. Ihre Jungen schlafen in der Zwischenzeit, manchmal ein paar Tage lang. Erst wenn die Eltern wieder zurück sind, werden sie für eine fremdländische Mahlzeit geweckt.

DIE KAKERLAKE

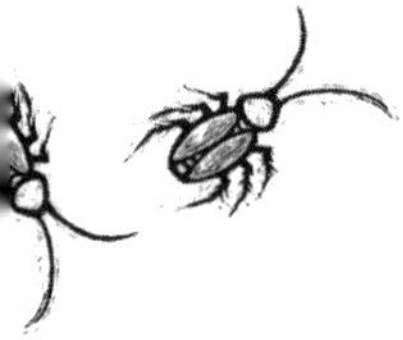

Huuu, die Kakerlake jagt einem einen Schauer über den Rücken. Wenn sie auf ihren stachligen Beinen in deine Träume krabbelt, wirst du schweißgebadet wach. Huuu. Man sagt öfter: Wenn die Welt untergeht, dann bleibt die Kakerlake als Einzige übrig. Denn die Kakerlake ist das stärkste Tier auf der Welt.

Stark? Nun ja, ein Schlag mit dem Hammer, und das Gräueltier ist platt. Aber ein Schlag reicht nicht. Die Kraft der Kakerlake liegt nicht in den Beinen, nicht im Panzer, nicht in ihrem blitzschnellen Leib, sondern die Kraft liegt woanders. In ihrer Anzahl.

Wo eine ist, sind hundert oder tausend. Da gehen einem Hände und Hämmer aus. Die Kakerlake gewinnt

den Kampf immer. Sie kommt einen Monat ohne Essen aus. Sie kann vierzig Minuten lang ihren Atem anhalten. Und als wäre das noch nicht genug, kann sie zwei Wochen lang ohne Kopf weiterleben.

Au!

Nur auf dem Nordpol und dem
Südpol kommen Kakerlaken nicht vor.
Und hohe Berggipfel mögen sie auch nicht. Alles andere finden sie prima. Am liebsten sitzen sie in den Ritzen warmer Häuser. Tagsüber schlafen sie und nachts gehen sie auf Jagd nach Essensresten. Nicht einzeln, sondern gemeinsam, mit allen zusammen.

Willst du mal eine sehen? Dann mach den Abwasch eine Zeit lang nicht.

Willst du niemals eine sehen, dann buche ’ne Reise nach Island ohne Rückfahrschein.

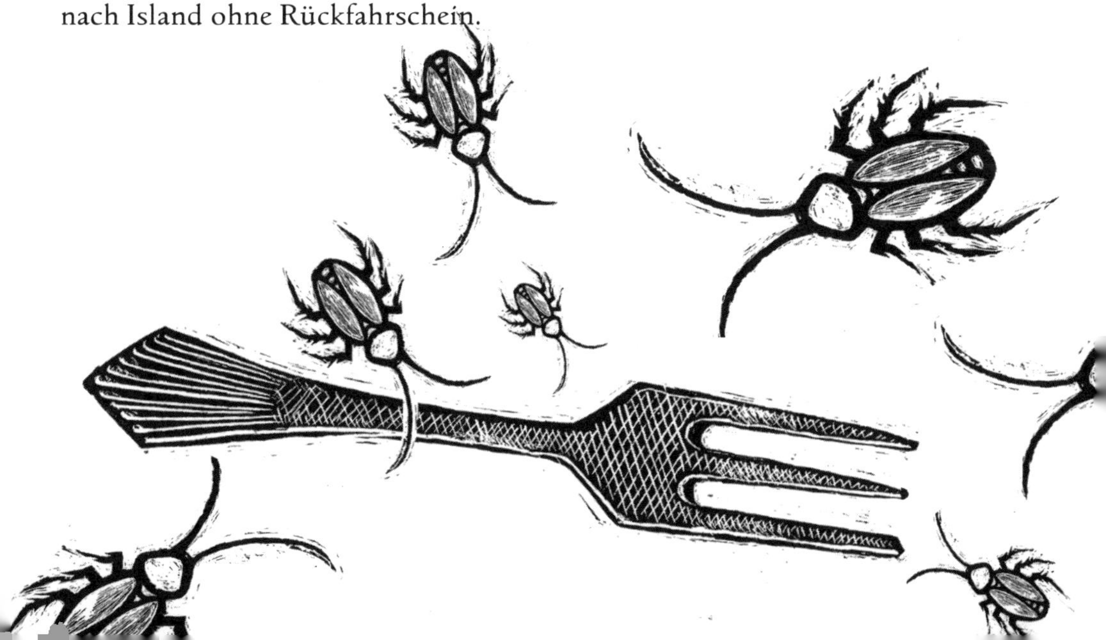

DER KOMOREN-QUASTENFLOSSER

Ist es schlimm, dass uns manchmal Tiere abhandenkommen? Dass sie aussterben? Dass sie für immer von der Welt verschwinden?

Das geschieht oft, wirklich. Nur merken wir es nicht, wenn es sehr kleine Schmetterlinge oder Käfer sind. Manchmal haben wir gar nicht gewusst, dass sie überhaupt existiert haben. Aber manche Tiere vermissen wir. Noch immer sehnen wir uns nach dem Dodo. Genauso wie nach dem Säbelzahntiger. Und wie gerne würden wir dem wollhaarigen Mammut wieder begegnen!

Viele Tiere waren bereits ausgestorben, bevor es uns Menschen gab. Dinosaurier zum Beispiel. Die sind schon seit fünfundsechzig Millionen Jahren verschwunden. Aber es hat sie wirklich gegeben. Dinosaurier sind Märchen, die sich wahrhaftig zugetragen haben.

Am 22. Dezember 1938 holte Hendrik Goosen sein Fischernetz an Bord. Rochen befanden sich darin, Haie und noch ein Fisch. Ein sonderbarer Fisch mit Beinen. Er war herrlich blau und zappelte noch lange, bis er auf dem Deck starb.

Niemand hatte je zuvor solch einen Fisch gesehen. Den Forschern war er nur von uralten Fossilien bekannt. Von einem Abdruck in Stein. Hendrik hatte einen Urfisch in seinem Netz, einen Dino-Fisch, von dem alle dachten, dass er schon lange ausgestorben wäre. Es handelte sich um einen Quastenflosser, der sich Millionen Jahre lang versteckt gehalten hatte.

Meistens kommen uns Tiere abhanden. Aber alle paar Millionen Jahre bekommen wir wieder eines zurück. Es gibt sie noch immer, die Quastenflosser. Nur weiß niemand, wie viele. Ganz selten sieht ein Taucher mal einen vorbeischwimmen. Ein lebendes Fossil. Ein Dinosaurier mit Flossen. Ein wahrhaftiges Märchen auf dem Grund des Ozeans.

DER KUCKUCK

Wie können sie es wagen! Diese heimtückischen, hinterhältigen, herrschsüchtigen Viecher mit ihrem ewigen Gekuckuck. Können sie wirklich nichts anderes sagen als ihren eigenen Namen?

Obwohl sie ein paar Morde auf dem Gewissen haben, sitzen sie in aller Ruhe da und rufen ihren Namen, so dass der ganze Wald es hören kann. Ziemlich frech, ziemlich unausstehlich eigentlich.

Ein Kuckucksweibchen legt sein Ei nämlich in ein fremdes Vogelnest. In das eines unschuldigen Singvogels. Wenn dieser kurz nicht zu Hause ist, schmeißt der Kuckuck zunächst ein Ei über den Rand des Nestes und legt dann an dessen Stelle schnell ein eigenes hinein. Ein grässliches Verbrechen, aber die Singvogeleltern merken nichts davon.

Ab dem Moment, da das Kuckucksjunge aus dem Ei kriecht, ist es genauso schlecht wie seine Mutter. Frisch geschlüpft, zerstört es schon die Eier seiner Geschwister. Es nimmt sie auf seinen kahlen Rücken und schiebt sie einfach aus dem Nest.

Die Singvogeleltern wissen nicht, woran sie sind. In ihrem Nest wächst ein Riese von einem Kind heran. Die Suche nach genügend Futter lässt sie den ganzen Tag über kaum zu Atem kommen. Wenn das Kind nicht mehr ins Nest passt, fliegt es aus. Der Minivater und die Minimutter müssen oben auf dem Kopf ihres

Noch mal kurz zum einsamen Wasserreservoirfrosch. Dieser wohnt im Land der Aborigines in Australien. Früher, wenn die Aborigines Durst hatten, haben sie sich auf die Suche nach einem eingegrabenen Frosch gemacht. Wenn sie dann einen fanden, setzten sie den Frosch an den Mund und kniffen vorsichtig hinein. So kamen sie unterwegs doch an einen Schluck Wasser. Danach kroch der Frosch wieder in seine Höhle, nur ohne Wasservorrat.

Neppkindes sitzen, um es füttern zu können. Und das machen sie auch noch!

Die Natur funktioniert schon merkwürdig.

Und wir Menschen auch.

Denn jedes Mal, wenn wir den Kuckuck hören, macht uns das sehr glücklich.

DAS ERDFERKEL

Dies ist das einsamste Säugetier der Welt. Darf ich vorstellen: das Erdferkel, angenehm. Das allerletzte Urtier auf Hufen. Auch in der fernsten Ferne läuft keine Familie dieses verlorenen Tieres herum. Und als wäre das noch nicht genug, scharrt es auch noch mutterseelenallein in der Gegend herum. Nicht tagsüber, aber nachts.

Tagsüber versteckt sich das Erdferkel in einer Höhle unter der Erde. Erst wenn der Mond hoch am afrikanischen Himmel steht, kriecht es nach draußen. Dann trippelt es auf der Suche nach Ameisen über die nächtliche Ebene. Wenn es die gefunden hat, gräbt es den Boden auf, lässt seine klebrige Zunge hinuntersacken und angelt sich so seine Mahlzeit.

Niemand weiß genau, wie es dem Erdferkel geht. Es ist nicht nur einsam, sondern auch geheimnistuerisch. Wir wissen nur, dass es gut graben kann und dass in seiner Nase kleine Borsten sitzen, die dafür sorgen, dass beim Buddeln keine Erde mit reinkommt.

Wir wissen auch, dass das einsame Erdferkel nicht so gut sehen kann. Wenn es flüchtet, stößt es nämlich gegen Sträucher und Bäume. Armes Erdferkel, mit seinen großen Ohren, seinem krummen Rücken und seiner Zunge, die einen halben Meter lang ist.

Das Erdferkel selbst sieht das natürlich ganz anders. Es denkt: Hui, herrlich allein. Wie herrlich, im Stockdunkeln zu scharren. Wie herrlich, Ameisen zu angeln. Herrlich, so zu buddeln. Hmmm, herrlich, so mit Borsten in meiner Nase zu graben.

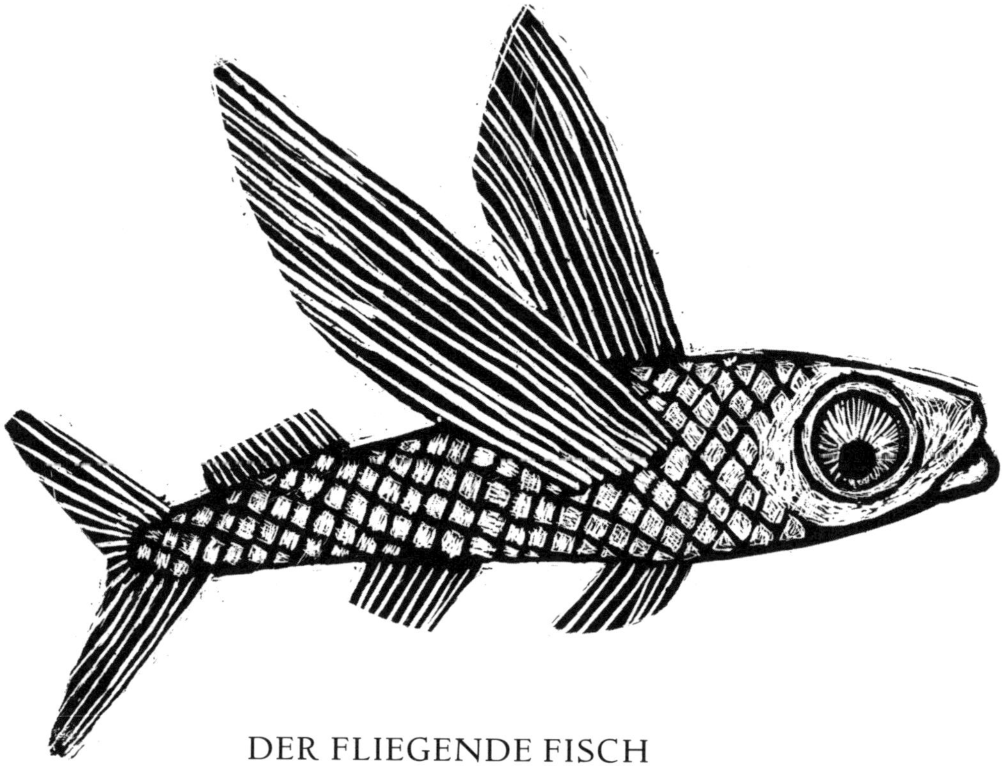

DER FLIEGENDE FISCH

Hört das denn nie auf mit den seltsamen Tieren? Gibt es eigentlich auch normale Tiere? Tiere, die tun, was sie tun müssen. Die sich an Regeln halten. Die sich nicht anstellen, sondern sich einfach normal benehmen. Es sieht so aus, als wollte eins seltsamer sein als das andere.

Was will der Fliegende Fisch nun wieder? Fliegt er ab und zu? Kann das Tier nicht wie alle anderen Fische einfach im Wasser bleiben? Glaubt er, dass er ein Vogel ist? Braucht der Fliegende Fisch vielleicht einen Arzt? Ist er nicht ganz bei Trost?

Der Fliegende Fisch ist sehr wohl bei Trost!

Wenn ein Delfin hinter ihm her ist, kann er sich natürlich einfach auffressen lassen. Das ist die praktischste Lösung. Für den Delfin. Aber der Fliegende Fisch findet das überhaupt nicht praktisch. Er schwimmt stattdessen los, so schnell, dass er aus dem Wasser auftaucht. Und wenn er aus dem Wasser auftaucht, breitet er seine großen Flossen aus und schwebt, schwebt, schwebt über die Wellen.

Der Delfin gerät ganz aus der Fassung. Soeben hat er noch einen kleinen Leckerbissen durch das Wasser schießen sehen, und plötzlich ist er verschwunden!

Der Fliegende Fisch weiß genau, was er tut. Aber die armen Delfine denken alle: Sind wir nun verrückt oder kommt uns das nur so vor? Das Wartezimmer beim Unterwasserarzt ist also nicht voll mit Fliegenden Fischen. Aber mit Delfinen.

DAS PAPIERFISCHCHEN

Jeder hat Haustiere. Okay, vielleicht hat nicht jeder einen Hund oder einen Hamster, ein Becken voller Guppys oder einen Behälter mit Stabheuschrecken. Aber jeder hat bestimmt eine Handvoll Fruchtfliegen in der Küche oder eine Ecke mit einer Spinne darin. Und wenn man das nicht hat, dann hat man sicher ein Bett voller Milben oder ein Badezimmer mit ein paar Silberfischchen zwischen den Kacheln.

Jeder hat also Haustiere. Ob sie nun willkommen sind oder nicht. Allerdings macht ein neues Haustier von sich reden, vor dem sich viele Menschen gruseln … Es ist ein Neffe des freundlichen Silberfischchens. Es gab noch keinen Namen für den Neffen. Aber den hatten die Forscher schnell gefunden, als sie herausfanden, was die Lieblingsspeise dieses Tieres war: Papier.

PAPIER!!!

HILFEEE!

Das Papierfischchen schlägt sich den Bauch voll mit Papier. Es nagt einen Tunnel durch die Seiten eines Buchs. Es knabbert an den Rändern deiner vollständigen Briefmarkensammlung. Hinter der Tapete feiert es Feste und Partys. Die Tapete, die nach dem Fest verschwunden ist.

Zum Abgewöhnen noch mal ganz kurz zum verrückten Laubenvogel. Es wurden sogar Nester gefunden, in denen sich Geld befand. Aber das außergewöhnlichste Nest war doch das, das mit einem Glasauge geschmückt war.

Das Papierfischchen ist überhaupt kein Fisch, sondern ein schuppiges Tier auf sechs Beinen. Ein Insekt von einem Zentimeter Länge. Es hat hinten und vorne Antennen. Ein GSM-Mast ist nichts dagegen.

Die Forscher wissen noch nicht, welches die Lieblingsbücher des Papierfischchens sind. Aber Kinderbücher mögen sie bestimmt nicht – und ganz sicher keine Bücher über seltsame Tiere …